电能替代工作指导手册

电驱动装卸领域

国家电网有限公司营销部◎编

中国电力出版社
CHINA ELECTRIC POWER PRESS

图书在版编目（CIP）数据

电能替代工作指导手册．电驱动装卸领域／国家电网有限公司营销部编．—北京：中国电力出版社，2019.4（2019.11 重印）

ISBN 978-7-5198-2994-0

Ⅰ．①电…　Ⅱ．①国…　Ⅲ．①电力工业－节能－手册②电力传动－装卸－节能－手册　Ⅳ．① TM92-62

中国版本图书馆 CIP 数据核字（2019）第 052356 号

出版发行：中国电力出版社
地　　址：北京市东城区北京站西街 19 号（邮政编码 100005）
网　　址：http://www.cepp.sgcc.com.cn
责任编辑：刘红强（010-63412520）
责任校对：黄　蓓　王海南
装帧设计：锋尚设计
责任印制：钱兴根

印　　刷：北京博海升彩色印刷有限公司
版　　次：2019 年 4 月第一版
印　　次：2019 年11月北京第二次印刷
开　　本：710 毫米 ×1000 毫米　16 开本
印　　张：4.75
字　　数：66 千字
定　　价：20.00 元

《电能替代工作指导手册》

丛书编委会

《电能替代工作指导手册　电驱动装卸领域》

编委会

主　　编　唐文升

副 主 编　孙鼎浩　张兴华　闫华光

委　　员　曹　敏　张　凯　崔　威　钟　鸣　王　坤

编写人员　（以姓氏笔画为序）

巨　健　成　岭　刘伟男　刘红强　阮文骏　李　云

李克成　杨　挺　杨奎刚　张宝俊　张新鹤　金　璐

贾博研　高　博　惠一铭

丛书序

实施电能替代是党中央、国务院作出的重大决策部署，对于推动能源生产和消费革命、落实供给侧结构性改革，具有十分重大的意义，是国家电网有限公司打赢蓝天保卫战、满足人民生活更美好需求的重要举措，是国家电网有限公司建设“三型两网”世界一流能源互联网企业的具体实践。2013年以来，国家电网有限公司全面贯彻党中央、国务院决策部署，主动承担央企责任，大力实施电能替代。经过多年努力，电能替代领域从无到有，规模从小到大，推进方式从试点示范到多领域、全覆盖替代，实现了跨越式发展，为促进社会节能减排、改善大气环境作出积极贡献。

为进一步拓展电能替代的广度和深度，推进电能替代工作常态化、制度化、规范化，国家电网有限公司营销部组织中国电科院，国网北京、天津、冀北、山东、浙江、河南、陕西电力，南瑞集团等单位的专业人员和技术专家，对近年来各领域电能替代工作加以总结、提炼，编写了《电能替代工作指导手册》系列丛书。

本丛书共分8册，分别为：

- 电能替代工作指导手册　供冷供暖领域
- 电能替代工作指导手册　港口岸电领域
- 电能替代工作指导手册　电驱动装卸领域
- 电能替代工作指导手册　居民生活领域
- 电能替代工作指导手册　商业餐饮领域
- 电能替代工作指导手册　农产品加工仓储领域
- 电能替代工作指导手册　农业生产领域
- 电能替代工作指导手册　电采暖领域

后期将根据工作需要，不断补充、完善本丛书。

本丛书内容丰富，语言简练，按照不同领域划分为各分册，各分册均由应用篇、案例篇和附录组成。应用篇介绍的是该领域的工作方法、步骤和流程，阐述如何发掘替代需求，提出典型领域解决方案，注重实用性、操作性，让电能替代工作人员看得懂、记得住、可执行，为开拓市场提供技术指导和支撑。案例篇是在应用篇基础上的具体实践，各案例来源于近年来各省电力公司实施的典型项目，经过筛选及规范整理后收录到丛书中，力求为电能替代工作人员提供借鉴与参考。附录以简单易懂的表现形式普及不同领域电能替代相关技术，供电能替代工作人员拓展专业知识领域，提升技术服务水平。

本丛书的出版发行，将对全面深入推进电能替代工作起到促进作用。

前言

随着我国经济的高速发展，在装卸领域，电能的应用越来越广泛。“全电仓储”“全电装卸”等“全电模式”在很多行业得到越来越多的推广，电驱动装卸具有清洁、安全、高效、便捷等优势，在装卸领域具有广阔的替代前景。

电驱动装卸领域是“以电代油”的重要组成部分，其基本技术原理是将驱动机器由传统的内燃机替换为电动机，通过电机将电能转化为机械能，实现货品、物料的输送、搬运。由于电动机技术较为成熟，且相比内燃机在能源效率、运行成本、减排效益上有着明显的优势，因此该领域电能替代技术已经得到了极为广泛的应用，在工业企业、仓库货场、港口码头、批发市场、物流园区等均有使用。

《电能替代工作指导手册　电驱动装卸领域》的内容分为三个部分，分别为应用篇、案例篇和附录。应用篇从客户需求调查、备选技术与方案比选、工程建设与运维及项目后评价等方面阐述项目具体做法。案例篇选取了覆盖西北地区、华北地区的电驱动装卸领域的典型案例进行详细介绍。附录分别介绍了电驱动装卸领域的带式输送机技术、电叉车技术、桥式起重机技术等典型技术。

本手册可作为电驱动装卸领域电能替代一线工作人员开展工作的指导书，同时可作为该领域电能替代市场拓展、替代技术、替代方案等方面的培训教材。

编者

2019年3月

第一篇

应用篇

本篇从客户需求出发，介绍了客户调研流程、电能替代潜力评估、项目介入时机等，对替代方案比选、工程实施流程、项目运维模式选择、综合效益评价等进行了详细的阐述。

第1章 客户需求调查

1.1 应用领域

随着电驱动技术的发展，在装卸领域，带式输送机、电叉车、电动吊车等电驱动设备也逐步替代传统的燃油机械，在货物包装、分拣、运输、储存、加工和配送的各个环节得到越来越多的推广。

带式输送机主要适用于矿粉、球团矿、块矿、煤等原料或燃料输送场所，主要替代的是燃油运输车辆，目前在该应用领域用油和用电的比例基本持平。

电叉车主要适用于室内操作和其他环境要求较高的工况。如医药、食品、化工、烟草等行业，主要替代的是燃油叉车，目前3t以下货物搬移一般选用电叉车，3t以上货物则以燃油叉车为主。

电动吊车主要包括桥式起重机、门式起重机、塔式起重机等，主要适用于室内外仓库、厂房、港口码头、露天储料场、室外货场、批发市场、建筑施工业等固定场所，主要替代的是燃油吊车。非固定区域的装卸一般采用燃油吊车。

1.2 客户调研流程

潜力客户根据来源不同可以分为两类，存量客户和增量客户。存量客户是指与供电企业已经建立供用电关系的电力客户，增量客户是指还未完成业扩报装的新增客户。可根据客户特点设计不同的调研流程。

1.2.1 存量客户调研流程

存量客户的调研流程可分为启动调研、目标锁定和信息获取三个阶段，具体情况如图1.1所示。

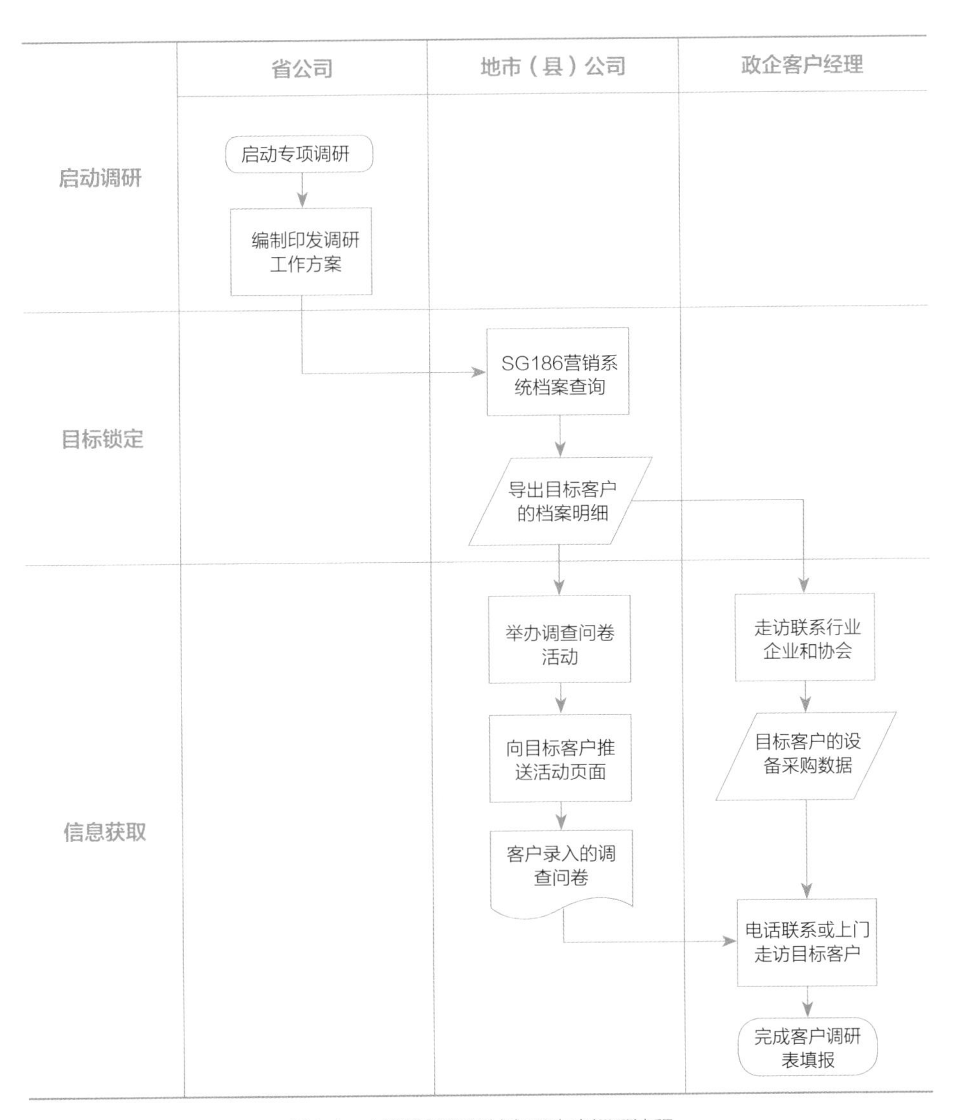

图1.1 电驱动装卸领域存量客户调研流程

一、启动调研

省电力公司启动专项调研工作，编制印发调研工作方案，确定目标行业、时间节点、数据需求，并设计统一的调研表，如表1.1所示。

表1.1 客户调研表

<table>
<tr><th colspan="8">客户基本信息</th></tr>
<tr><td>客户编号</td><td></td><td>用电类别</td><td colspan="3">□大工业 □商业 □普通工业
□非工业 □居民生活 □农业
□趸售 其他______</td><td>客户属性</td><td>□存量 □新装
□增容
□临时用电
□重点项目</td></tr>
<tr><td>客户名称</td><td colspan="3"></td><td>行业类别</td><td colspan="3"></td></tr>
<tr><td>证件名称</td><td colspan="3"></td><td>证件号码</td><td colspan="3"></td></tr>
<tr><td>用电地址</td><td colspan="3"></td><td>电压等级</td><td colspan="3"></td></tr>
<tr><td>联系人</td><td></td><td>联系电话</td><td></td><td>合同容量</td><td></td><td>最大负荷</td><td></td></tr>
<tr><th colspan="8">存量客户非电能源信息</th></tr>
<tr><td>货运卡车</td><td colspan="7">卡车型号______，数量______，运输距离______km，运输落差______m，运输产品名称______，年货运量______t，年工作时间______h，能源类别：□汽油 □柴油，年耗能量______t，能源单价______元/t，单位能耗______元/（t·km）</td></tr>
<tr><td>燃油叉车</td><td colspan="7">叉车型号______，数量______，载重量______t，搬运距离______m，运输产品名称______，年货运量______t，年工作时间______h，能源类别：□汽油 □柴油，年耗能量______t，能源单价______元/t，单位能耗______元/（t·km）</td></tr>
<tr><td>燃油吊车</td><td colspan="7">吊车型号______，数量______，起重量______t，高度______m，吊装产品名称______，年吊装量______t，年工作时间______h，能源类别：□汽油 □柴油，年耗能量______t，能源单价______元/t，单位能耗______元/（t·km）</td></tr>
<tr><th colspan="8">增量客户用能需求</th></tr>
<tr><td colspan="8">运输距离______km，运输落差______m，运输产品名称______，年货运量______t，货物重量范围______t~______t，年耗能量______t，年工作时间______h</td></tr>
<tr><th colspan="8">电能替代方案建议</th></tr>
<tr><td>原用能方式</td><td colspan="7">建设费用______元，年运行费用______元</td></tr>
<tr><td>带式输送机</td><td colspan="7">型式______，总长______km，载荷______kg/m^2，输送速率______t/h，设备总功率______kW，电机个数______，年利用小时______h，平均功率______kW，年用电量______kWh，电价______元/kWh，建设费用______元，年运行费用______元</td></tr>
<tr><td>电叉车</td><td colspan="7">型号______，车数量______，载重量______t，最大充电功率______kW，充电机个数______，年用电量______kW，电价______元/kWh，建设费用______元，年运行费用______元</td></tr>
</table>

续表

<table>
<tr><td>桥式起重机</td><td colspan="6">型号______，数量______，起重量______t，高度______m，设备总功率______kW，年利用小时______h，平均功率______kW，年用电量______kW，电价______元/kWh，建设费用______元，年运行费用______元</td></tr>
<tr><td>新增负荷</td><td></td><td>冗余负荷</td><td></td><td>增容需求</td><td colspan="2">□不增容
□增容______kVA</td></tr>
<tr><td colspan="3">建设费用</td><td colspan="2">业主投资收益</td><td colspan="2">电网投资收益</td></tr>
<tr><td>替代设备</td><td>红线内电气设备</td><td>红线外配套电网</td><td>收益或降本</td><td>投资回收期</td><td>电网电费收益</td><td>电网投资回收期</td></tr>
<tr><td></td><td></td><td></td><td></td><td></td><td></td><td></td></tr>
<tr><td>方案简介</td><td colspan="6"></td></tr>
</table>

<table>
<tr><td>前端联系人</td><td></td><td rowspan="3">供电单位</td><td rowspan="3"></td><td>后台联系人</td><td></td><td rowspan="3">支撑单位</td><td rowspan="3"></td></tr>
<tr><td>工　号</td><td></td><td>工　号</td><td></td></tr>
<tr><td>联系电话</td><td></td><td>联系电话</td><td></td></tr>
<tr><td>调研日期</td><td colspan="3"></td><td>客户意愿</td><td colspan="3">□ 有意愿　□无意愿</td></tr>
<tr><td>补充说明</td><td colspan="7"></td></tr>
</table>

二、目标锁定

电能替代专责在SG186营销系统档案查询中，输入电驱动装卸领域电能替代技术适用的行业名称（详见表1.2），导出目标客户的档案明细，下发给政企客户经理。

表1.2　电驱动装卸领域电能替代技术适用的行业

序号	行业名称	带式输送机	电叉车	桥式起重机
1	农业	√		
2	林业			√
3	畜牧业		√	
4	煤炭开采和洗选业	√		
5	黑色金属矿采选业	√		

续表

序号	行业名称	带式输送机	电叉车	桥式起重机
6	有色金属矿采选业	√		
7	非金属矿采选业	√		
8	其他采矿业	√		
9	农副食品加工业		√	
10	食品制造业		√	
11	酒、饮料及精制茶制造业		√	
12	烟草制品业		√	
13	纺织业		√	
14	纺织服装、服饰业		√	
15	皮革、毛皮、羽毛及其制品和制鞋业		√	
16	木材加工和木、竹、藤、棕、草制品业		√	
17	家具制造业		√	
18	造纸和纸制品业		√	
19	印刷和记录媒介复制业		√	
20	文教、工美、体育和娱乐用品制造业		√	
21	煤化工	√	√	
22	化学原料和化学制品制造业		√	
23	医药制造业		√	
24	化学纤维制造业		√	
25	橡胶和塑料制品业		√	
26	水泥制造	√		
27	玻璃制造		√	
28	陶瓷制品制造		√	

续表

序号	行业名称	带式输送机	电叉车	桥式起重机
29	碳化硅	√		
30	钢铁			√
31	铁合金冶炼			√
32	铝冶炼			√
33	铅锌冶炼	√		√
34	稀有稀土金属冶炼	√		
35	金属制品业			√
36	通用设备制造业			√
37	专用设备制造业			√
38	汽车制造业			√
39	铁路、船舶、航空航天和其他运输设备制造业			√
40	电气机械和器材制造业		√	√
41	计算机、通信和其他电子设备制造业		√	
42	仪器仪表制造业		√	
43	废弃资源综合利用业			√
44	金属制品、机械和设备修理业			√
45	电力、热力生产和供应业	√		√
46	铁路运输业		√	√
47	道路运输业		√	√
48	航空运输业	√		
49	装卸搬运和仓储业	√	√	
50	邮政业	√	√	
51	批发和零售业		√	

三、信息获取

（一）开展调查问卷活动

电能替代专责在微信公众号或“掌上电力”App上开展有奖调查问卷活动（见图1.2），主动向目标客户推送活动页面，客户参与后录入调查问卷信息。

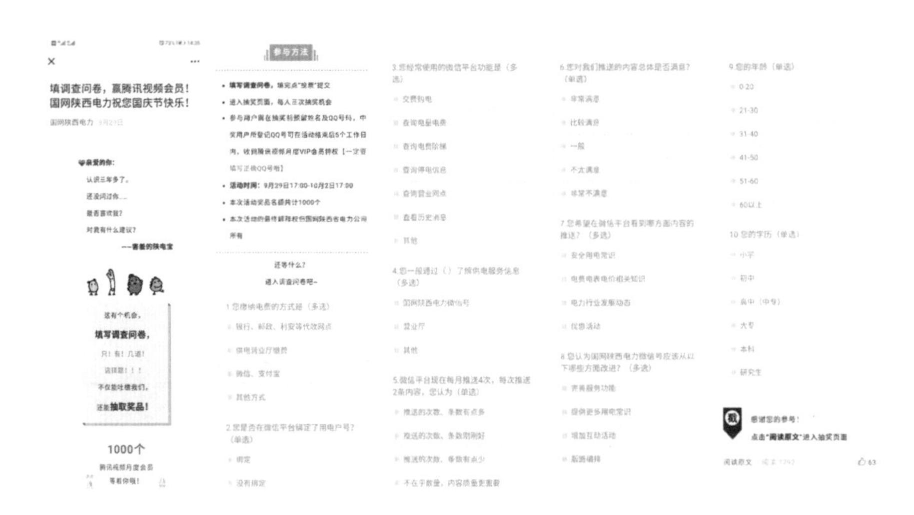

图1.2 开展有奖调查问卷活动

（二）走访联系行业协会

政企客户经理走访联系货运卡车、特种车辆龙头企业或汽车行业协会，获取目标客户的货运卡车、燃油叉车、燃油吊车的采购数据。

（三）电话联系和上门走访

政企客户经理电话联系或上门走访目标客户，将调研信息补充完整，并向客户介绍电驱动装卸领域电能替代技术，询问客户需求，完成客户调研表填报。

1.2.2 增量客户调研流程

增量客户的调研流程可分为启动调研、信息获取两个阶段，具体情况如图1.3所示。

客户经理上门走访客户

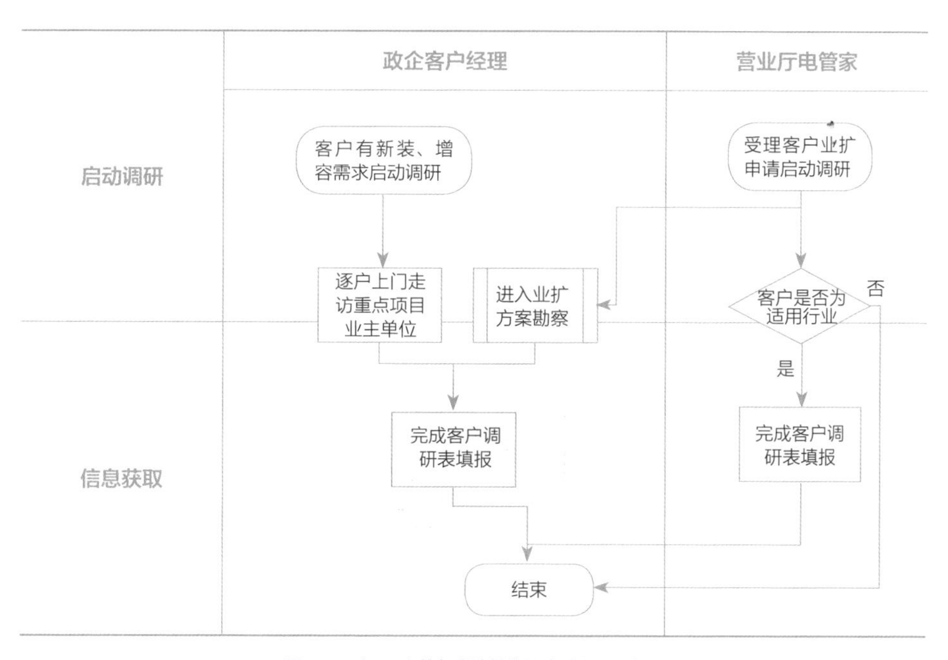

图1.3　电驱动装卸领域增量客户调研流程

一、启动调研

当政企客户经理了解到客户有新装、增容需求或营业厅电管家受理客户业扩报装申请时，即刻启动调研工作，并填写客户调研表。

政企客户经理逐户上门走访

二、信息获取

（一）上门走访

在政府发展改革部门公布每年的招商引资和重点项目，省电力公司营销部编制完成省市重点项目跟踪服务方案后，政企客户经理逐户上门走访重点项目业主单位，与客户进行充分沟通，完成客户调研表填报。

（二）业扩受理或方案勘察

营业厅电管家在受理客户业扩申请时，政企客户经理进行业扩方案勘察时,先了解客户所属行业，若属于适用行业，则询问客户需求，完成调研表。

营业厅业扩业务受理

1.3 电能替代潜力评估

评估客户电能替代潜力，一般分为了解替代意向、沟通替代方案和评估项目潜力三步。

1.3.1 了解替代意向

客户的替代意向大致可分为以下四种。

由于政策等原因必须进行装卸设备电能替代。

企业有装卸设备的采购需求，且意向强烈。

企业有装卸设备采购需求，但非必须进行电能替代，意向较为一般。

企业有装卸设备采购需求，但已明确无电能替代意向。

1.3.2 沟通替代方案

当地供电公司组织综合能源公司或合作单位针对用户情况提出电能替代实施方案。通过对比装卸设备的电能替代实施方案，综合分析其目前用能情况、用能规模，适用的替代设备、设备功耗，预测其改造后用能情况、年产量等，确认双方收益，若双方收益均合适，则为重点项目。

1.3.3 评估项目潜力

当地供电公司电能替代业务推广人员与综合能源公司或合作单位，根据客户电能替代意向、项目方案、替代电量等作为定量指标，综合评估项目潜力、是否可以推进以及是否可作为重点项目推进。

项目介入方法和时机

存量客户和增量客户特点不同，项目介入的方法和时机也不尽相同。

1.4.1 存量客户和增量客户特点

存量客户

客户当前装卸设备依然采用燃油设备。该类客户现有能源设备一般可满足自身装卸需求，当前的电能替代意向不大，但是在特定的情况下也存在电能替代的可能，如电能替代具有合适的经济效益、燃油利用受限政策的实施、电能替代配套财政补贴、电能替代税收减免、电能替代享受电价支持政策等。

增量客户

项目正在新建或增容的客户。该类客户项目正在新建，装卸设备一般处于选择阶段，尚未最终确认。当地供电公司电能替代业务推广人员可采用“一站式”服务模式，对项目进行跟踪，引导客户清洁能源消费理念，积极采用以电为驱动，推动装卸设备电能替代工作。

1.4.2 介入的方法和时机

介入的方法

针对存量客户，向客户宣传电能替代政策、电能替代的经济效益、社会效益以及化石能源和电能利用的趋势等引导客户装卸设备进行电能替代。一旦客户产生了电能替代的兴趣或意向，电能替代业务人员、综合能源公司或合作单位可根据收集的客户信息向客户推荐相应的电能替代实施方案，并及时跟踪确认客户装卸设备是否进行电能替代。

针对增量用户，当地供电公司以电力运维、能效监测、供电业务扩展、增加配电容量、需求响应等业务为切入点，向客户分析介绍当前电能替代的经济优势、环保优势、政策优势等，推介引导客户装卸设备进行电能替代。

介入的时机

针对存量用户，可以在客户打算对能源利用进行改造或者相关化石能源受限政策公布实施时介入。

针对增量客户，可以在客户项目规划、产品筛选、寻找意向厂家、公开招标等阶段介入，且尽量将介入时间提前。

1.5 行业潜力挖掘

在电驱动装卸领域电能替代业务推广过程中，各省、市、县公司可充分利用SG186营销系统数据将相关行业的客户筛选出来，形成潜力客户，并通过后期的调研走访，为客户量身设计电驱动装卸技术方案，推动项目最终落地实施。具体操作流程如下。

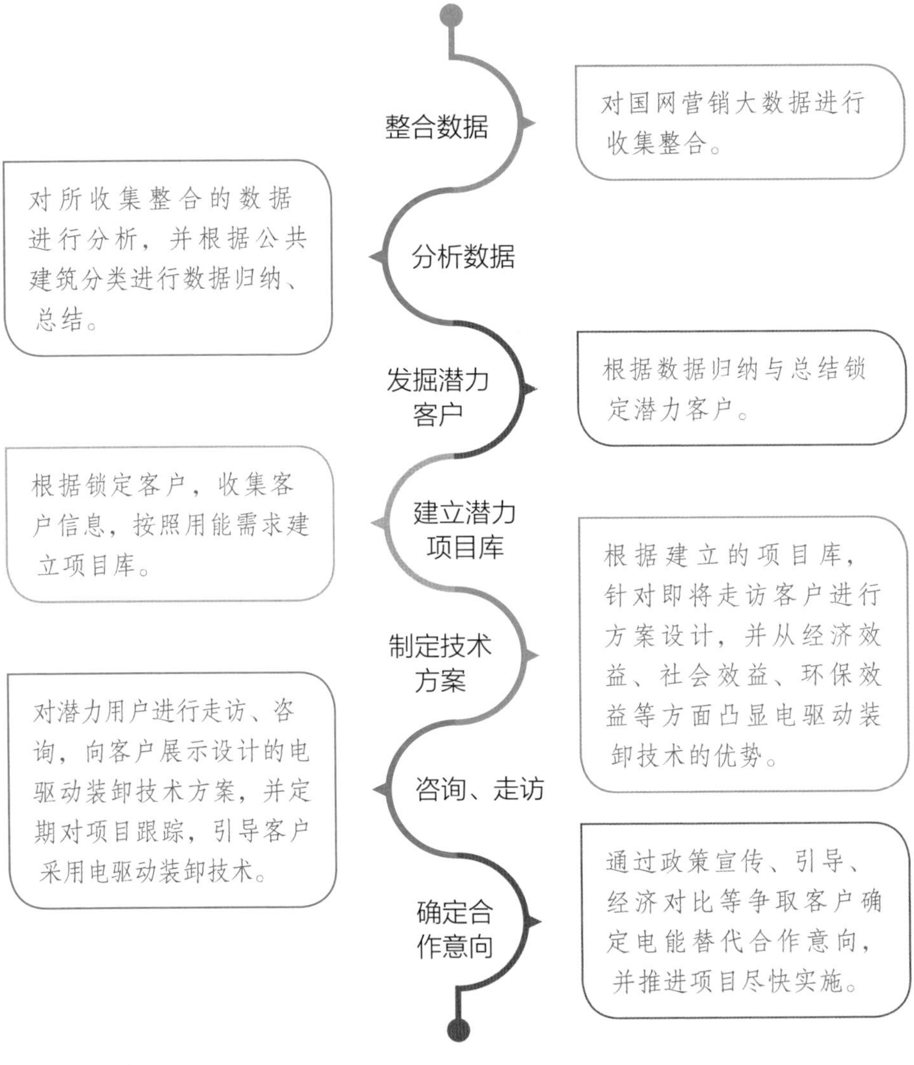

整合数据

对国网营销大数据进行收集整合。

分析数据

对所收集整合的数据进行分析，并根据公共建筑分类进行数据归纳、总结。

发掘潜力客户

根据数据归纳与总结锁定潜力客户。

建立潜力项目库

根据锁定客户，收集客户信息，按照用能需求建立项目库。

制定技术方案

根据建立的项目库，针对即将走访客户进行方案设计，并从经济效益、社会效益、环保效益等方面凸显电驱动装卸技术的优势。

咨询、走访

对潜力用户进行走访、咨询，向客户展示设计的电驱动装卸技术方案，并定期对项目跟踪，引导客户采用电驱动装卸技术。

确定合作意向

通过政策宣传、引导、经济对比等争取客户确定电能替代合作意向，并推进项目尽快实施。

第2章 备选技术与方案比选

2.1 常用替代技术

电驱动装卸领域常用的电能替代技术主要有电驱动带式输送机技术、电叉车技术、电动吊车技术等，如表1.3所示。

表1.3　电驱动装卸领域常用替代技术

技术类型	带式输送机技术	电叉车技术	电动吊车技术
技术原理	应用摩擦力来连续传送物体	由电气系统、传动系统、转向系统、操纵系统、液压系统、驱动系统和车身系统等7个系统组成，直接以电能驱动机械设备实现货物搬运	主要由起升机构、运行机构和金属结构组成。利用架桥沿铺设在桥架上的轨道横向运行，构成一矩形的工作范围，可充分利用桥架下面的空间吊运物料，不受地面设备的阻碍
可靠性	运行可靠，故障率低		
安全性能	安全性高		
运维成本	运维成本低		
环保指标	噪声小，可减少燃油量，减少CO_2、SO_2、NO_x及粉尘的排放		
连续工作时间	可实现连续性运输	工作时间受电池容量限制	可实现连续吊装
建设成本	投资大	投资与其他装卸设备接近	投资大

续表

技术类型	带式输送机技术	电叉车技术	电动吊车技术
适用范围	主要适用于矿粉、球团矿、块矿、煤等原料或燃料的输送	主要适用于室内操作和其他环境要求较高的工况。如医药、食品、化工、烟草等行业	主要适用于室内外仓库、厂房、港口码头、露天储料场、室外货场、批发市场、建筑施工业等场所

典型方案比选

2.2.1 带式输送机与汽车

带式输送机与汽车运输方案对比如表1.4所示。

表1.4 带式输送机与汽车运输方案对比

方案类型	汽车运输	带式输送机运输
技术原理	应用以燃油发动机驱动的机械设备进行货物搬运	应用摩擦力连续传送物体，进行高效连续运输
灵活性	使用灵活，适应性强，可衔接铁路、水路运输以及航空运输	使用不够灵活，只能实现点对点的货物运输
经济性	初投资低，但运维成本高	初投资高，运维成本低
可靠性	可靠性差，易受天气影响	可靠性高，24h全天候平稳运行
安全性	安全性差，易发生交通事故	安全性高
环保性	产生粉尘、NO_x、CO_2等排放物	零排放

某项目年输送1300万t原煤，原使用柴油卡车运煤，采取运输车辆外租模式，需载重量为60t的汽车年运送21.7万车·次，21辆重卡投资1470万元，运输成本约1072万元。改用带式输送机后，一次性投资6500万元，年平均用电量

230万kWh，电费134.09万元，在不考虑人工成本的情况，年运输成本减少约937.91万元。

改为带式输送机后，每年约减少CO_2 排放2544.2t、SO_2 排放8.3t、NO_x 排放24.6t，并有效减少了粉尘产生。

2.2.2 电叉车与燃油叉车

电叉车与燃油叉车方案对比如表1.5所示。

表1.5 电叉车与燃油叉车方案对比

方案类型	燃油叉车	电叉车
技术原理	以燃油发动机驱动机械设备搬运物体	以电能驱动机械设备搬运物体
承载量	功率大，作业吨位高	功率低，一般在3t以下
灵活性	使用灵活，适应性强，可衔接铁路、水路运输以及航空运输	使用不够灵活，只能实现点对点的货物运输
经济性	初投资低，运维成本高	初投资高，运维成本低
可靠性	结构复杂，故障率较高，可靠性较差	结构简单，便于维护，可靠性高
安全性	安全性差	安全性高
环保性	产生粉尘、NO_x、CO_2等排放物	零排放

某公司主要生产甲醇等煤化工产品，年货物搬运量150万t，平均搬运距离9km，原先采用燃油叉车搬运，每年消耗柴油75万L。改造后，该公司采购了49辆电叉车，单台电叉车平均每天搬运产品量85t，平均每天耗电量110kWh，年耗电量196.735万kWh，每年可节约费用461.8万元，约减少CO_2排放量2176.2t、SO_2排放量7.1t、NO_x排放量21.1t。

2.2.3 电动吊车与燃油吊车

电动吊车与燃油吊车方案对比如表1.6所示。

表1.6 电动吊车与燃油吊车方案对比

方案类型	燃油吊车	电动吊车
技术原理	以燃油发动机驱动机械设备实现货物的吊装搬运	以电动机驱动桥架运行来实现吊装作业
灵活性	适合多种作业场景，作业灵活	使用不够灵活，只能完成固定地点的货物装卸
运维成本	运维成本高	运维成本低
经济性	初投资低，运维成本高	初投资高，运维成本低
可靠性	结构复杂，故障率较高，可靠性较差	结构简单，便于维护，可靠性高
安全性	安全性差	安全性高
环保性	产生粉尘、NO_x、CO_2等排放物	零排放

某钢材批发公司年货物吞吐总量为100万t，原先采用燃油吊车装卸，需11辆20t吊车，初投资共计715万元，年耗油量165万L，年运行费用1254万元，年人工费用132万元。2017年该公司购置了9台108t电驱动单梁电动吊车和4台80t电驱动单梁电动吊车后，初投资共计1469万元，年用电量约为400万kWh，年运行费用280万元，年人工费用20万元。

与燃油吊车方案相比，电动吊车方案运维成本每年节约费用1086万元。电能替代后，不仅装卸效率提高，而且安全可靠，同时每年约减少CO_2排放量4424.7t、SO_2排放量14.5t、NO_x排放量42.8t。

第3章 工程建设与运维

3.1 项目实施流程及关键点

项目实施流程主要包括施工准备阶段、组织施工阶段和竣工验收阶段，项目实施流程如图1.4所示。

图1.4 项目实施流程

3.2 项目投资界面

工程本体及客户内部供配电设施由客户自主选择投资方式并确定投资边界，配套电网工程建设按照国家电网有限公司管理规定执行。

3.2.1 高压客户

投资分界点为客户规划用电区域红线。分界点电源侧设施原则上由供电公司投资建设，包括开关站、环网柜、分接箱、电杆、断路器、计量装置等。分界点负荷侧设施原则上由客户投资建设，如图1.5所示。

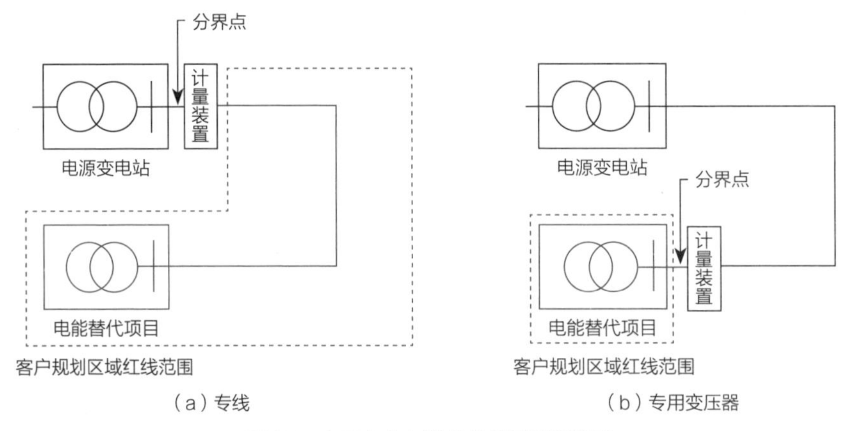

图1.5 高压客户电能替代项目投资界面

3.2.2 低压客户

投资分界点为低压计量装置后第一断路器。分界点电源侧供电设施由公司投资建设，包括下户线、表箱、电能表、互感器、表箱内断路器和电能采集装置等。分界点负荷侧设施由客户投资建设。如图1.6所示。

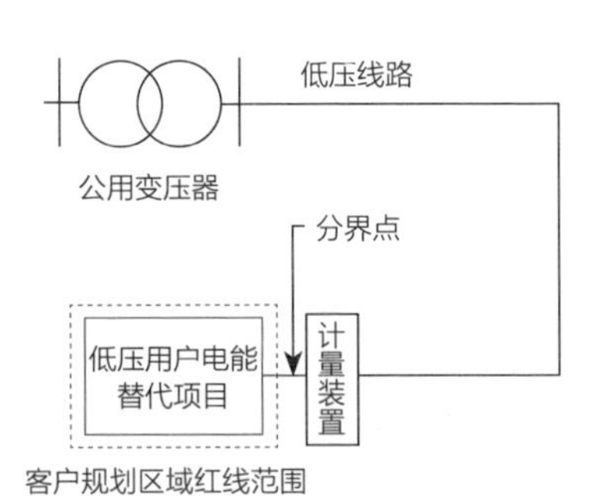

图1.6 低压客户电能替代项目投资界面

3.3 项目运维模式

运维服务模式主要包含：资产委托、运维全业务委托、代运维劳务委托三种模式，三种模式的优劣势分析如表1.7所示。

表1.7 运维服务模式对比

模式类型	资产委托	运维全业务委托	代运维劳务委托
模式特点	全面承接客户委托的资产管理工作，对客户资产负债表左侧所列全部资产进行管理	全面承接客户委托设备的运维服务，提供7×24h运行状态实时监测与指令响应	按客户要求向场内派驻符合要求的合格运维人员，提供有计划的预防性维护服务，包含设备保养、检修等内容，提供现场应急响应及事件处理服务
管理成本	管理成本低	管理成本低	管理成本高
安全风险	安全风险低	安全风险低	安全风险较高
运维费用	费用高	费用适中	费用低
适用范围	一般适用于投资型上市公司	适用于电力生产体系未建立或不健全的客户	适用于电力生产体系已建立并具备自身成熟运营管理团队的客户

3.4 运维模式选择

3.4.1 带式输送机用户

带式输送机用户的电能替代规模大，设备系统复杂。电力生产体系已建立完善的客户适合选择自主运维模式；生产体系不健全的客户可选择运维全业务委托模式，可以降低管理成本和安全风险。

3.4.2 电叉车用户和电动吊车用户

电叉车和电动吊车设备结构简单，设备部件通用性强，标准化程度高，运维周期性、规模性、重复性特点明显，用户可以根据自身的运维力量，选择自主运维或代运维劳务委托模式。

第4章 项目后评价

4.1 综合效益评价

4.1.1 主要运营指标分析

一、评价方法

重点选取投运一年（12个月）及以上的项目，以运营数据为基础开展综合效益评价。具体从项目实施后给用户、第三方及政府等主体所带来的经济效益、社会效益及环保效益等各方面进行测算评价。

通过获取电能替代前后的投资数据、能耗数据、运行成本、补贴数据、电量负荷、设备成本、CO_2排放量等指标进行比对测算，估算相应的经济效益、社会效益。

二、经济效益指标

客户的经济效益指标如表1.8所示。

表1.8 经济效益指标

经济效益指标名称	替代前	替代后
年运输量（t）		
初投资（万元）		
能源价格		
年耗能量（t或kWh）		

续表

经济效益指标名称	替代前	替代后
年能源费用（万元）		
年人工费用（万元）		
使用寿命（年）		
全寿命周期总费用（万元）		

三、社会效益指标

社会效益可以通过量化的CO_2、SO_2和NO_x排放量的对比来直观展示。如表1.9所示。

表1.9　　社会效益指标

社会效益指标名称	替代前	替代后
年排放量CO_2（t）		
年排放量SO_2（t）		
年排放量NO_x（t）		

4.1.2　国家、行业、同类企业类似项目对标分析

选取北美、欧洲、日韩地区的代表国家，对比分析中国与发达国家地区之间的电驱动装卸领域电能替代适用行业或同类企业的用电量、运输量、单位能耗、电能占终端能源消费占比等指标，如表1.10所示，评价该领域电能替代阶段性实施成果，评估当前电驱动装卸领域电气化水平，分析提升潜力和市场空间。

表1.10　　国家、行业、同类企业用电对标分析

适用行业	用电指标	国家			
		中国	北美	欧洲	日韩
项目所属行业1	行业用电量（kWh）				
	运输量（t · km）				
	单位能耗［kWh/（t · km）］				
	电能占终端能源消费占比（%）				
项目所属行业2	行业用电量（kWh）				
	运输量（t · km）				
	单位能耗［kWh/（t · km）］				
	电能占终端能源消费占比（%）				

4.2 总结项目亮点特色

项目实施完成后，需从电能供给能力、配套电网建设、电能替代技术创新、经济社会效益等方面总结提炼项目亮点特色。

4.2.1 电能供给能力及配套电网建设方面

从项目规划、执行标准、审批流程和应急模式建立、运维水平等方面，总结项目经验。

在主动适应电力体制改革、简化配套电网建设项目管理流程、下放配套电网项目管理权限方面进行创新。

积极构建全环节适应市场、贴近客户的业扩配套电网项目管理和工程建设机制。

推行供电方案和初设一体化，统一配套电网工程出资界面。

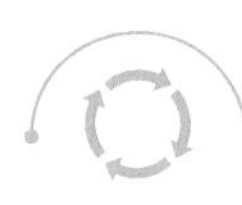

建立多层级协同机制，优化物资供应方式，加快配套电网工程建设速度。

电能替代推动全电物流新模式形成

4.2.2 电能替代技术创新方面

率先在电驱动装卸领域开展电能替代改造。

在行业领域具有典型性、可复制性，取得较好的示范效果。

具有吸引同类型用户复制应用和较强的引领作用和推广作用。

主动将“互联网+”新技术与电能替代项目工程管理进行有机结合，做到工程安全、质量、进度、服务管控工作可视化和智能化。

4.2.3 经济、社会效益方面

提高电能在终端能源领域比重。

使公司在电驱动装卸领域的售电量、电费收入显著增加。

中央、地方媒体持续关注并广泛报道。

使用户整体能耗显著下降。

对促进节能减排有显著效果。

 项目完善提升措施及建议

通过以上对综合效益的评估和亮点特色的总结，可以从以下方面提出建议，持续完善流程，不断提升服务质量。

用户在项目执行过程中，忽略配套电网供电能力，未及时进入业扩报装流程，有可能造成项目投运后，无法正常使用，对客户的生产经营造成影响。因此，建议电网企业应在日常的营销业务执行过程中，明确业扩、用检环节对信息搜集的责任，确保各项工作有人负责，加强潜力客户信息跟踪，并及时指导客户办理业扩报装手续。

电驱动装卸领域电能替代项目多数由客户投资、建设、运营，电网企业还未拓展此类业务。建议综合能源服务公司与当地供电企业建立紧密的合作关系，及早介入，为客户提供方案设计、工程总包、项目运营等服务。

第二篇

案例篇

本篇选取了四个技术应用案例，从各项目用能情况、技术方案比选、项目实施与运维、效益分析和推广建议等方面进行了详细介绍。

案例❶ 港口带式输送机（皮带廊）替代项目

1.1 项目基本情况

该项目由某港务集团公司出资建设，由某皮带运输公司承建，采用EPC总承包模式，建设长14km、宽8m带式输送机管廊一条，总输送能力3200万t/年，配套10kV供电线路4条、28km，总负荷3.48万kW。

沧州港口皮带廊外观图

沧州港口皮带廊内部图

1.2 技术方案

1.2.1　方案比较

原运输方案采用燃油汽车，每天约1143车次的重型自卸车运输，运输成本高达21元/t，不仅增加港口运营成本而且给港区道路交通带来很大的压力，还成为港区道路交通的一个安全隐患。同时，汽车尾气的排放导致港区空气质量变差，撒料现象使得港区路面以及空气中灰尘增多，造成路面扬尘，加剧了港区空气环境的恶化。

改造后采用皮带廊，两条带式输送机线路年输送能力可达3200万t，运输成本约为5.3元/t，实现了零污染运输。

1.2.2　实施方案简介

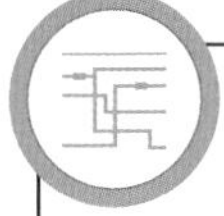

管廊长度约14km，宽度约8m，管廊内布置2条运输线路，每条线路皮带的宽度为1.2m。每条线路额定输送能力4000t/h，最大能力4400t/h，该工程起点位于矿石码头料场输出系统接口T14转运站处，终点位于靠近中钢料场的MZ4转运站。

配套建设10kV供电线路28km，按照就近取电原则，两端分别采用双电源供电方式。西侧供电电源点为110kV渤海新区滨镍站10kV两路电源供电，负荷1.578万kW；东端电源点为110kV渤海新区北站10kV两路电源供电，负荷1.9万kW。

项目实施及运营

该项目由该港务集团公司全额出资建设，该公司为大型国有独资企业，一期工程总投资近6.2亿元，其中30%为自有资金，70%为银行融资。业主方委托某皮带运输公司实施，施工流程为先在南疏港二路以南间隔40m范围平行建设带式输送机管廊，起点位于矿石码头，终点靠近MZ4转运站。同时按照就近取电的原则配套建设10kV供电线路，西侧供电电源点取自渤海新区滨镍110kV站，东侧电源点取自110kV渤海新区北站，确保达到双路电源供电。

项目建成后，由该港务集团公司自营，用户执行一般工商业电价，运营成本约为3.8元/吨。

项目效益

1.4.1 经济效益分析

带式输送机管廊项目建成投产后，两条输送带输送能力可达3200万t，全面替代现有重型自卸车，该项目运营收费标准为5.3元/t，大幅降低临港企业运输成本。此外输送能力的提升使港口年营业收入可达1.696亿元，正常年净利润可达3616.7万元，项目投资财务内部收益率（税后）为9.3%，而且带式输送机系统对环境基本无影响，该项目具备较强的技术经济优势。

1.4.2 社会效益分析

燃油汽车在运输物料期间，废气排放量大，扩散速度快，污染性强，对港口附近区域，尤其是人口密集区造成严重的空气污染。根据有关数据显示，使用电动皮带廊与正常的车用燃油比较，每年NO_x排放量减少97%，SO_x排放量减少94%，CO_2排放量减少96%。

1.5 推广建议

1.5.1 经验总结

项目主要亮点

该项目主要适用于输送距离相对较短的散货运输，适用于码头、矿山等多种场合，可有效降低运输成本，减少环境污染，具有较强的示范性。

注意事项及完善建议

皮带廊项目其实质是承担运输任务，等同于常规公路及铁路运输。其投资主体可以是供货甲方、乙方，也可以由第三方进行投资。如由第三方投资可采用通过计算货物运输量进行效益分成，但会受到甲乙方制约。如配套建设货场，主要承担复杂地形运输，通过缩短运输距离进行收益，则可减少制约。

1.5.2 推广策略建议

皮带廊项目一次性投资较大，距离越远，投资和日常维护费用越高。该项目适合于点对点供货，且供货量越大，优势越明显。针对同一集团公司，各分厂之间距离介于1～20km之间，且互相之间有货物往来的应进行重点推广。

案例2 物流公司带式输送机（皮带廊）替代项目

2.1 项目基本情况

某物流公司输送工程是建设一条使用电能的带式输送机完全代替原来的汽车运输。该项目建设地点从槐坎南方、白岘南方开始，经长兴南方，至该公司物流基地码头，涉及煤山、小浦两个镇。项目总装机容量1.028万kW，年耗电量约为3150万kWh，每吨熟料的输送电耗约为3kWh。项目建设周期约36个月。

项目实施前，该物流公司耗能以电能、汽油为主。电能的使用范围主要在物流园区内，年用电量约1500万kWh，平均电价0.75元/kWh。汽油主要用于熟料和原煤的运输，年耗油量约308万L，按目前油价约需2310万元。

电动皮带廊航拍图

该物流公司服务的水泥生产企业主要集中在浙江省湖州市长兴县和安徽省广德县两县，两地石灰石、砂页岩等矿产资源丰富，但水泥生产企业与内河航道距离较远，产品销售需要通过公路转运至周边的内河码头后，再通过水路运至长兴、湖州、嘉兴、上海等地，同时，这些企业生产过程中所需的燃料——原煤，也都是通过水运至当地的码头再由公路转运至生产企业。由于大量的物料（以熟料、原煤为主）集中在部分路段上运输，对当地公路造成较大的压力，不但存在路面频繁损坏情况，而且对当地的交通安全、环境等影响也较大；另一方面，利用当地营运的小码头进行作业，无论从管理上还是从环保上都难以满足当地经济快速发展的需要。因此，该生产企业和长兴当地政府达成共识，拟将部分企业生产的熟料集中后通过长胶带输送机输送至小浦码头，由小浦码头集中发送熟料至周边主要市场。同时，小浦码头也作为原煤的卸货和中转站，再利用上述带式输送机将原煤返送至水泥生产企业，从而有效解决省道S301小浦部分路段的交通困境。

基于此，该生产企业提出了建设兼具中转仓储及输送功能的物流基地的想法，并成立了物流公司来主要负责物流基地的实施和运营管理。

2.2 技术方案

2.2.1 方案比较

该水泥生产企业与内河航道距离较远，产品销售需要通过公路转运至周边的内河码头，同时，企业生产过程中所需的原煤，也都是通过水运至当地的码头再由公路转运至生产企业。解决运输的方案一般有以下两种。

燃油汽车运输方案。采用常规的汽车运输，也是之前采用的运输方法。由于大量的物料（以熟料、原煤为主）集中在部分路段上运输，对当地公路造成较大的压力，不但存在路面频繁损坏情况，而且对当地的交通安全、环境等影响也较大。同时运输费用也较高。

带式输送机运输方案。建设一条电动皮带长廊，连接各个南方水泥企业，解决水泥熟料、原煤的运输问题。该方案可以有效解决交通安全、环境污染等问题。另外熟料皮带机输送相比汽车运输的方式，虽然一次性投入较大，但长远来看是经济可行的，把皮带输送比汽车运输节省的成本当成该项目的收益，以此来进行效益测算。熟料年运量1050万t，从长兴南方至码头汽车运输距离约为12.5km，道路运输节约成本12.5元/t，年节约成本13125万元；白岘南方离熟料中转库约2km，道路运输节约成本3元/t，每年共计150万t，年节约成本450万元；槐坎南方离熟料中转库约5km，道路运输节约成本5元/t，每年共计运输750万t，年节约成本3750万元，合计年节约运费17325万元。

综上分析，带式运输机方案在经济性、可靠性、安全性、便捷性、减排效益等各方面均有较大优势。

2.2.2 实施方案简介

该带式输送机替代项目包括三块区域的带式运输机建设和一个熟料中转库建设，同时涉及供配电和生产线控制两个配套部分。

槐坎南方至长兴南方带式输送机

槐坎南方的熟料将从现有的熟料散装库顶部接出，通过一台能力为1500t/h的水泥熟料散料秤计量，计量后的熟料通过带式输送机送至带式输送机上。槐坎南方的熟料与广德地区的熟料将通过带式输送机，经3次转运，送至设置于长兴南方厂外的熟料中转库储存。带式输送机共分为4段，总长度约4.2km，年输送能力为750万t。

白岘南方至长兴南方带式输送机

白岘南方的熟料将从现有的熟料散装库顶部接出，通过一台能力为800t/h的水泥熟料散料秤计量，计量后的熟料通过长胶带输送机，经2次转运，送至设置于长兴南方厂外的熟料中转库储存。带式输送机共分为3段，总长度约1.8km，年输送能力为150万t。

熟料中转库

在长兴南方厂外西北侧设置3-ϕ18m熟料库用于中转储存，其中2个库用于储存槐坎南方及广德地区的熟料，1个库用于储存白岘南方的熟料。

长兴南方至码头带式输送机

熟料中转库库底卸料后，熟料经皮带计量秤，按照各厂熟料的性能进行配比，然后通过带式输送机输送至码头。长兴南方的熟料将从现有的熟料散装库顶部接出，通过一台能力为800t/h的水泥熟料散料秤计量，计量后的熟料与熟料中转库出来的熟料一起通过长胶带输送机输送至码头。带式输送机共分为6段，总长度约15km，年输送能力为1050万t。

供配电方案

根据该项目的特点，其供电将采取分段供电方案，槐坎厂区内的部分由槐坎南方供电，靠近白岘南方的部分由白岘南方供电，靠近物流码头的部分由码头供电，其余由长兴南方供电。

生产线控制方案

该项目生产线的各工艺环节，设置了必要的速度、跑偏、温度等参数的检测仪表，并保证对生产过程实施有效的监测、控制及操作；采用先进实用的DCS 自动控制系统，对整个输送仓储系统进行分布控制，并可在中央控制室内进行集中实时监视、自控与操作。该项目共设三个中央控制室，分别设置在白岘南方原有中控室内、槐坎南方原有中控室内、物流码头原有中控楼内。

2.3 项目实施及运营

2.3.1 投资模式及项目建设

配套电网、用户配电设施改造、项目本体的投资建设主体是该物流公司，项目补贴、收益所得均归该物流公司。

2.3.2 项目实施流程

该项目从立项开始到完成施工、安装、调试等工作，并达到正常运行的要求，预计需36个月左右。供电等辅助生产工程，应比主要工程建设提前，以确保项目顺利运行。根据其所属集团项目建设管理体制，建设进度安排如下。

项目前期准备工作，包括上级部门的技术方案审查、资金落实等。

→

商议确认总图布置和主要技术装备方案，相继开展工程地质详勘、场地平整等工作，同时进行基本设计。

↓

在基本设计阶段，可着手进行长皮带设备的采购订货；同时着手招标确定施工单位、监理单位，并适时安排施工单位进场，开始土建施工。

←

根据确认的基本设计方案，安排进行其他设备的采购订货。在设备订货过程中，应特别强调和明确设备供货厂商提交设计技术资料的责任与时间，以便确保项目施工图设计进度。

根据设备的采购计划和交资时间，合理组织安排施工图设计工作，保证施工图按时到位。其后按照施工图设计和技术要求，组织进行辅机设备和电控设备等的编标、招标采购。

在施工图设计阶段和土建施工初期，着手进行安装单位的招标确定；同时根据土建施工进度，适时安排安装单位进场，并合理有序地安排分项交叉进行设备安装。

适时安排设备监制、催货等工作，确保设备制造加工质量和按时交货，也便于组织、协调安装计划和控制进度。

在项目施工与安装后期阶段，适时安排生产与技术岗位的人员培训等，在施工后期或安装前期阶段，提前介入项目建设、并熟悉各生产环节，从而为试生产调试打下良好的基础。

有序组织、协调好安装后期阶段的空载试车、联动试车，确保顺利投料试生产。

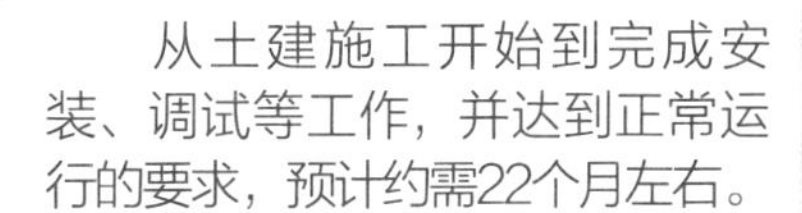

从土建施工开始到完成安装、调试等工作，并达到正常运行的要求，预计约需22个月左右。

电动皮带廊用电检查

电动皮带廊内部检查

项目效益

2.4.1 经济效益分析

该项目经济评价年限为20年，项目获利能力指标如表2.1所示。

表2.1 项目获利能力指标

序号	指标名称	指标值
1	全投资财务内部收益率（%）	17.72
2	全投资静态投资回收期（含建设期；年）	5.98
3	自有资金财务内部收益率（%）	23.01
4	自有资金静态投资回收期（含建设期；年）	6.56

根据数据分析，从长兴南方至码头汽车运输距离约为12.5km，道路运输节约成本12.5元/t，年运量1050万t，年节约成本约1.3亿元；白岘南方距熟料中转库约2km，道路运输节约成本3元/t，年运量150万t，年节约成本450万元；槐坎南方离熟料中转库约5km，道路运输节约成本5元/t，每年共计运输750万t，年节约成本3750万元。合计年节约运费约1.7亿元。

2.4.2 社会效益分析

社会环保效益显著

项目的实施将大大有利于当地自然环境的改善，有十分明显的社会环保效益。项目实施后每年将减少约3.435亿t·km的运输量。如果按载重量30t汽车考虑，则当地公路每年减少70万运次的通过量，每年按310天考虑则每天减少约2258辆汽车的通过量，因此，这对减轻当地公路压力、有效减少汽车运输二次扬尘将十分有效。另一方面，每年按1050万t

运输量、载重量30t、车速50km/h汽车考虑，该项目每年可直接减少CO_2排放量9347t、SO_2排放量30.6t、NO_x排放量90.4t。

推动企业转型升级、促进企业提质增效

项目的建设有利于改善企业未来货物的运输组织，从而大大降低物流成本，对于企业的转型升级、业务发展及区域经济起到良好的促进作用，也将带来良好的经济效益和社会综合效益。

提升居民生产、生活品质

项目实施后可有效地解决小浦路段的交通困境，同时解决了小浦地区的扬尘、尾气排放等问题，明显提升该地区居民的生产、生活品质。

助力产业发展

该项目建成投产后，年输送熟料1050万t，全投资财务内部收益率、静态总投资回收期、全员劳动生产率等各项指标均优于水泥行业新（扩）建项目的基准值，为整个产业发展注入新动力。

2.5 推广建议

2.5.1 经验总结

该项目是一个“以电代油”示范工程，项目的成功运营，对全国水泥行业乃至制造、工矿企业实现电动皮带廊输送具有较好的示范效应。

与此同时，在供电公司的全力推动下，该物流公司在建设电动皮带长廊的同时，已经在做中转站、码头区的电能替代拓展，着手建设一个“全电输送、全电装卸，岸电停泊”的全电物流企业。这对物流行业的发展也将产生长远影响。

新华每日电讯头版：浙江最长零排放“全电物流”输送带开启试运行

新华每日电讯

长江村里话长江

改革开放天地宽

浙江最长零排放“全电物流”输送带开启试运行

（2018-08-13） 稿件来源：新华每日电讯 要闻

这是8月12日无人机拍摄的全封闭输送带。近日，位于浙江省长兴县内全长22公里的全封闭、纯电动“全电物流”水泥熟料输送带完成前期分段空载调试工作，顺利进入全线带料试运行阶段。该传送带项目投资约5亿元，是目前浙江省内最长的输送带项目。项目正式投运后每天可减少2400辆车次的重型货车运输，缓解当地道路运输压力、减少尾气排放。新华社记者徐昱摄

这是8月12日无人机拍摄的全封闭输送带。近日，位于浙江省长兴县内全长22公里的全封闭、纯电动“全电物流”水泥熟料输送带完成前期分段空载调试工作，顺利进入全线带料试运行阶段。该传送带项目投资约5亿元，是目前浙江省内最长的输送带项目。项目正式投运后每天可减少2400辆车次的重型货车运输，缓解当地道路运输压力、减少尾气排放。

新华社记者 徐昱 摄

“全电物流”输送带宣传图

2.5.2 推广策略建议

（一）推广的适用条件

带式输送机适用于长期、稳定，且路径固定的原材料输送。

（二）推广目标客户市场

电厂、水泥、矿山、物流等大型工矿企业是带式输送机的推广目标客户。

（三）推广策略建议

以客户为中心 建立“以客户为中心”的现代营销服务体系，及时满足企业用电需求，为企业节能减排提供优化方案，着力推动绿色发展。

出台鼓励政策 政府出台政策对实施电动带式输送机的企业给予一定奖励，例如节能减排时可少停电、少限电等，供电服务优惠措施。

加强新闻宣传 以该物流公司电动带式输送机为实例，加强宣传电动皮带廊的相关经济、社会效益，带动周边企业实施。

案例③
电叉车替代项目

3.1 项目基本情况

某公司位于榆林市榆恒工业区，主要生产甲醇等煤化工产品，该项目整体建设周期36个月，其中电叉车项目建设周期6个月。

该客户属化学原料及加工业中煤化工行业，其生产过程主要是以电为原动力，对煤进行高温高压汽化后，生产出甲醇等煤化工产品，年产180万t甲醇。用电容量20万kVA，是榆林地区的支柱工业企业，属于高耗电行业。

该项目起点高，要求技术新、污染低，经济效益好，符合国家产业政策，在整体项目的设备及配套设备的选择上也立足节能、经济、环保的要求。该企业经济实力雄厚，对于国家政策高度敏感，领导对企业担负的社会责任认识到位，对环保要求响应迅速，员工有较强的新技术接受水平，属于开展电能替代项目的优质客户。

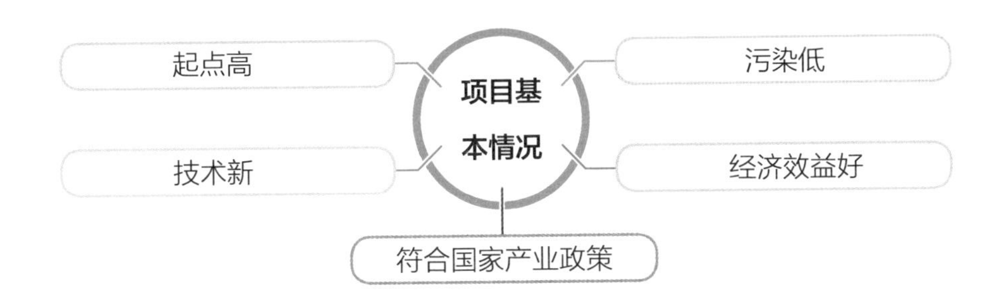

3.2 技术方案

3.2.1 方案比较

对客户的背景、用能方式进行细致的摸底后，充分考虑客户需求的痛点、难点，站在客户利益的角度上为客户进行了燃油叉车和电叉车的对比，赢得客户对新技术的采纳。

（一）政策支持性对比

使用燃油叉车不仅不符合国家环保政策，还会对产品仓储环境带来负面影响，而采用电叉车完全顺应国家环保政策，属于政府大力推动的清洁能源。

（二）便捷性对比

聚丙烯车间位于工业园区内，若采用燃油叉车时，需到厂区外加油，容易降低装卸效率，造成经济损失。采用电叉车后，在车间配备了专用的充电机，每天晚间充电，确保不间断运行。而且电叉车载货吨位小、灵活、轻便，在车间内比燃油叉车优势大。

（三）安全性对比

燃油叉车以燃油机为动力，其功率微弱、适用范围广，缺陷是噪声大、污染物排放量较大，对人类健康损害较大。电叉车污染少、噪声小，安全清洁。

（四）经济性、减排效益对比

采用燃油叉车会造成严重的环境污染，对企业也会造成经济负担。采用电叉车绿色环保，无任何污染，社会效益显著。

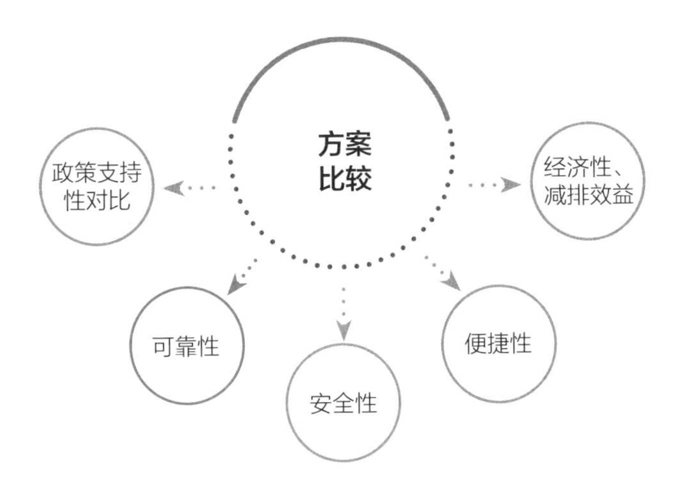

3.2.2　实施方案简介

一、方案简述

该项目在客户聚丙烯车间配置49个充电机，49辆电叉车，总功率为2205kW。

二、方案优势

电叉车具有以下显著特点：叉车运行速度高，工作装置起升速度大；采用高效控制器且具有再生制动功能，比传统叉车节能30%以上；全封闭电机、轴承及多盘制动器免维护(无接触器或炭刷)，可大幅度降低运行费用。

3.3　项目实施及运营

3.3.1　投资模式及项目建设

该项目配套电网不需改造。配电设施改造、项目本体的投资建设由客户自筹资金实施。

3.3.2 项目实施流程

该项目为客户内部配套辅助项目，由客户随整体项目自主实施。

项目效益

3.4.1 经济效益分析

从表3.1可以计算出，该项目使用电叉车每年可节约能源费用461.8万元，效益显著。

表3.1 经济效益分析

指标名称	替代前	替代后
年运输量（t）	1520225	
初投资（万元）	100.3	1225
能源价格	7.6元/L	0.55元/kWh
年耗能量	75万L	196.735万kWh
年能源费用（万元）	570	108.20
年人工费用（万元）	4.2	4.2
使用寿命（年）	12	12
全寿命周期总费用（万元）	6990.7	2573.851
CO_2年排放量（t）	2176.2	0
SO_2年排放量（t）	7.12	0
NO_x年排放量（t）	21.1	0

3.4.2 社会效益分析

节能减排

采用燃油叉车每年CO_2排放量2176.2t、SO_2排放量7.12t、NO_x排放量21.1t，造成严重的环境污染，对企业也造成经济负担。采用电叉车绿色环保，无任何污染，社会效益显著。

推动企业转型升级、提质增效

采用燃油叉车时造成污染和经济支出较大，并且油的供应费事，降低工作效率。采用电叉车可确保车间内清洁、节能、环保，噪声小，并且可不间断运行，提高效率。

提升生产、生活品质

燃油叉车以燃油机为动力，适用范围广，缺陷是污染物排放和噪声较大，对人类健康损害较大。电叉车由于操作控制简便、灵活，操作人员的操作强度相对燃油叉车而言轻很多，降低了操作人员的劳动强度，提高操作人员的工作效率及工作的准确性。同时，电叉车使用清洁能源，干净、卫生，改善了操作人员的工作环境。

助力产业发展

在目前大气污染综合治理大背景下，燃油叉车在在仓储、批发零售、食品及化工等对环境要求较高的行业不具备优势，将被逐步淘汰；而电叉车在运行过程中无CO_2、SO_2、NO_x等污染物排放。真正实现清洁、环保替代传统燃油叉车，是未来产业发展的方向。

3.5 推广建议

3.5.1 经验总结

项目主要亮点	注意事项及完善建议
◆电叉车使用的是清洁能源，没有污染，达到零排放。 ◆在现场只需接上充电电源，即可投入运行，可大大节省基建投资及安装费用。 ◆使用寿命长，车身小，噪声小，操作灵活使用方便，大幅度降低了运行费用。	客户经理可走访辖区内有装卸需求的相关客户，收集客户的需求和改造意愿，排查供电侧的配变容量、供电线路、计量装置等是否能够满足要求。建立存量客户电改造项目储备库，并实时滚动更新。在日常推广过程中，客户经理可结合总部、省、市公司各类线上、线下形式丰富多样的营销活动、便民举措、增值和延伸用电服务，针对不同需求的客户进行差异化推广。

3.5.2 推广策略建议

电叉车广泛应用于制造业、交通运输业、仓储业、邮政业、批发和零售业等多种行业，特别在环境要求较高的仓储、批发零售、食品及医药等行业具有巨大的市场空间。综合能源公司可采用EMC模式运营，对国有大型企业、大型商业型集团公司、大工业客户等迫切需要一揽子解决方案的客户，提供一条龙式全生命周期内的设计、建设、运营、管理全套服务，满足客户定制整体电能替代技术解决方案的需求。运营时可对蓄电池精心维护，进一步降低运行成本。

案例④
电动吊车替代项目

4.1 项目基本情况

某公司位于西安，年吊装量100万t。该公司在2017年进行改造，于2017年12月购置9台108t电驱动单梁桥式起重机、4台80t电驱动单梁桥式起重机。

4.2 技术方案

4.2.1　方案比较

该公司采用新型的电动机作为动力，并搭配上自动无功补偿装置，利用夜间低谷电价进行生产，从而达到降低成本的目的。起重机年用电量400万kWh，可减少燃油165万L，可大幅减少CO_2、SO_2、NO_x的排放，环境效益明显。

4.2.2　实施方案简介

为满足吊装需求，保证吊装能力，结合该公司实际作业情况，为其配备13台电驱动单梁桥式起重机（9台108t，4台80t）。起重机采用PLC+变频调速控制方式。

（一）电气部分

包括供电电源，起升机构，大小车运行机构的配电、控制、保护、信号，监控及照明控制。起重机各机构的程序控制由可编程序控制器（以下简称PLC）控制，各机构的操作通过地面遥控方式进行；遥控发射器，电脑监控系统及重量显示屏安装在地面控制室内，便于操作监控。

（二）供电电源

交流三相四线制 380V/220V，50Hz。

主回路为交流380V。

控制回路为交流220V。

PLC输入回路为直流24V。

（三）用电设备

起升电动机：YZP180L-8，13kW。

大车运行电机：YZP160M2-6，2×5.5kW。

小车运行电机：YZP160M2-6，5.5kW。

整机设备用电设备总容量：约29.5kW。

（四）控配设备

主要控配设备表详见表4.1。其中，配电保护柜内装有总电源开关，当设备不工作或检修时可做隔离开关切断总电源用。配电保护柜及变频柜等安装在桥架上面的电气室内，电气室内装有摄像头，以便监控电器的正常运行。配电保护柜内装有总断路器、总接触器、PLC、控制回路所用的变压器、中间继电器和微型断路器，还装有各机构及大车的控制、保护元件。在小车上、大车底部、大车端梁两侧各放一只摄像头，以方便监控各机构的运行状况及吊具的挂钩情况。

表4.1　主要控配设备表

编号	名称	安装地点
1	配电保护柜	电气室
2	起升变频柜	
3	大车变频柜	
4	小车变频柜	
5	制动电阻柜	
6	照明变压器	
7	遥控接收器	
8	电脑监控系统	地面控制室
9	遥控发射器	
10	重量显示器	

4.3 项目实施及运营

4.3.1 投资模式及项目建设

项目为客户自投模式，无补贴。

4.3.2 项目实施流程

（1）设备开箱检查，由设备安装单位和设备使用方联合组成验收小组对设备验收，清点货物有无损坏，并留存记录并由清点人签字确认。

（2）建筑构件检查，主要是根据业主提供的建筑构件检测数据，对建筑构建部分进行复查。

（3）安装轨道及滑触线。

（4）确定吊装方案，主要是根据起吊设备重量，吊起高度，大、小车自重选用足够吨位的吊车吊装。

（5）安装电气设备及控制、监控室。

（6）竣工验收。

4.4 项目效益

4.4.1 经济效益分析

起重机设备费用（含运输安装调试费用）为单台100万元，13台共计1300万元。轨道合计800m，材料及运费和安装合计130万元，配套电网建设合计39万，共计1469万元。按照2017年用电量400万kWh计算，电费为280万元，每年节约费用约220万元。效益分析如表4.2所示。

表4.2 效益分析

指标名称	替代前	替代后
年运输量（万t）	100	
能源价格	油价7.6元/L	电价0.7元/kWh
年耗能量	165万L	400万kWh
年能源费用（万元）	1254	280
年人工费用（万元）	132	20
CO_2年排放量（t）	4424.7	0
SO_2年排放量（t）	14.5	0
NO_x年排放量（t）	42.8	0

4.4.2　社会效益分析

新型的电动起重设备安全性能更强，配备速查保护器在断电时也能保证货物不会骤降，安全性大大提升。

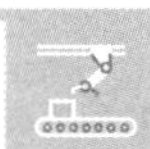

保证车间整洁安静无粉尘，提升了工人工作环境。

如表4.2所示，新型电动起重设备零排放，每年可节省燃油165万L，减少CO_2排放量4424.7t、SO_2排放量14.5t、NO_x排放量42.8t。

采用燃油发动机时，经常被政府部门责令关停，导致超期违约，客户流失，直接或间接造成损失10万元。采用新型电动起重设备，效率提升，误工超期的情况减少，提升了客户企业诚信度。

4.5　推广建议

4.5.1　经验总结

一、项目主要亮点

（1）电驱动起重机属于清洁电驱动技术，无污染，零排放。

（2）电驱动效率高，更加智能精准。

（3）运行更安全，使用周期更长。

（4）电气化控制更加便捷，减少运行费用。

（5）高智能化的控制面板减少了运维人员数量。

二、注意事项及完善建议

（1）组织客户经理进行电动吊车方面的技术培训，了解辖区内有哪些企业具有吊装需求，然后根据SG186营销系统档案中的客户用能信息，排查供电侧的配变容量、供电线路、计量装置等是否能够满足要求，同时与客户进行走访和交流，了解其改造意愿，建立存量客户电改造项目储备库。

（2）联系各市、区、县政府部门的招商局，了解政府的招商引资情况，安排客户经理对客户业扩报装等信息进行分析梳理，及时发现有需求的新增用户，建立新增用户储备库，针对有不同项目需求的客户做好跟踪和推广。

4.5.2 推广策略建议

电动吊车使用范围较为广泛，室内外仓库、厂房、港口码头、露天储料场、室外货场、批发市场、建筑施工等场所均有应用。综合能源公司可采取合同能源管理模式，对国有大型企业、大型商业型集团公司、大工业客户等迫切需要一揽子解决方案的客户，提供一条龙式全生命周期内的设计、建设、运营、管理全套服务，满足客户定制整体电能替代技术解决方案的需求，进一步降低客户的装卸运营成本。

附录

电驱动装卸领域常用电能替代技术

电能替代技术是电能替代工作开展的先决条件和强力支撑。附录从技术原理、技术特点和使用场景三方面介绍了电驱动装卸领域主要的三种替代技术，帮助该领域工作人员加深对电能替代工作的了解，以提供更精准、更专业、更优质的服务。

附录❶ 带式输送机技术

1.1 技术原理

带式输送机是一种以摩擦驱动、连续方式运输物料的机械。它可以将物料在固定的输送线上，从最初的供料点到最终的卸料点间进行连续输送。

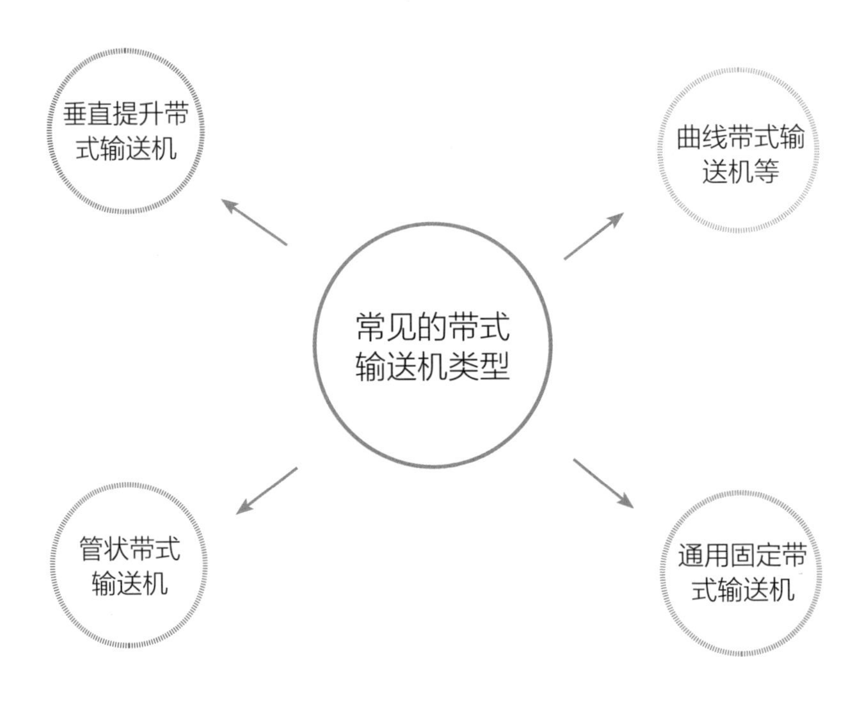

带式输送机一直是电力、矿山、化工、冶金、水泥、钢铁等行业中运送散状物料最为经济、运输量大和最为有效的设备，例如煤、矿石、某些化工原料、灰渣等在开采和运输中大都要经过胶带输送机的输送。目前在国内的物料输送系统

中，大量采用的均是传统的托辊式胶带输送机。近些年来，随着工艺水平和技术水平的提高，出于经济性以及场地限制等因素考虑，敞开式输煤栈桥胶带机输送方案和管状胶带机输送方案已被很多行业采用。

带式输送机应首选通用固定带式输送机。当输送落差较大，或输送区域地形复杂，或平面需多次转弯，采用通用固定带式输送机无法实现或经济性较差，或有其他特殊要求时，可考虑采用其他类型的带式输送机。

1.1.1 固定带式输送机

固定带式输送机又称胶带运输机，其主要部件是输送带，亦称为胶带。输送带兼作牵引机构和承载机构。固定带式输送机主要包括头架、中间架、尾架、传动滚筒、改向滚筒、安全保护装置、输送带(通常称为胶带)、制动器、减速器、联轴器等，详见附图1.1。

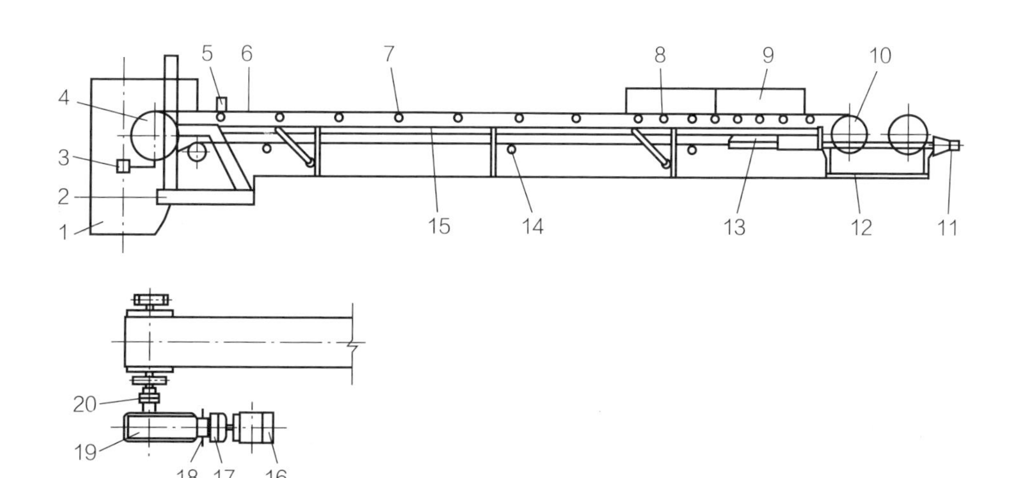

附图1.1 固定带式输送机典型结构

1—头部漏斗；2—头架；3—头部清扫器；4—传动滚筒；5—安全保护装置；6—输送带；7—承载托辊；8—缓冲托辊；9—导料槽；10—改向滚筒；11—螺旋拉紧装置；12—尾架；13—空段清扫器；14—回程托辊；15—中间架；16—电动机；17—滚力耦合器；18—制动器；19—减速器；20—联轴器

1.1.2 管状带式输送机

管状带式输送机是将散状物料包裹在强制形成管状胶带内进行输送的一类特殊的带式输送机种物料输送设备。其输送原理与普通带式输送机相同，即通过输送胶带作为传力和物料的输送载体，由转动灵活的托辊作为输送物料胶带的支撑，经滚筒的改向和传动，由驱动装置驱动滚筒，输送机胶带靠滚筒与胶带的摩擦力使输送物料的胶带进行周圈转动，进而来输送物料。

管状带式输送机的基本结构与普通带式输送机基本相同，主要由头部滚筒、尾部滚筒、改向滚筒、驱动和张紧装置、托辊组、机架、桁架、走台、支架及胶带等部分组成。所不同的是管带形成段的胶带被六边形布置的PSK（Pipe-Shape-Keeping）托辊组约束形成管状 。

管状带式输送机与普通带式输送机的区别主要在于普通带式输送机物料在形成平形或槽形截面的胶带上进行输送，而管状带式输送机使物料在形成管状截面的胶带内进行输送。

管状带式输送机内部图

管状带式输送机外形图

1.1.3 长距离曲线带式输送机

长距离曲线带式输送机是一种用于起点和终点不能直线连接的非直线输送线路，可以实现水平转弯的新型带式输送机。弯曲的运行线路可绕开障碍物或不利地段，实现少设或不设中间转载站，减少设备数量，使系统供电和控制更为集中。同时，中间转载站的取消，不仅减少了一次性投资，而且也减少了系统运行能耗和维护费用，解决了转载站引起的缓冲站、清扫器、导料槽的磨损以及减少粉尘和噪声污染，有利于环境保护。

长距离曲线带式输送机内部图

长距离曲线带式输送机外形图

1.2 技术特点和关键指标

带式输送机的特点是它既可以进行碎散物料的输送，又可以进行成件物品的输送。输送线路一般是固定的，优点是输送能力大，效率高，运输距离长，结构简单，工作可靠。与其他运输设备(如机车、汽车等)相比，带式输送机不仅具有长距离、大运量、连续运输的特点，而且运行可靠，易于实现自动化和集中控制，污染小（有效降低粉尘污染和碳排放），经济效益十分明显。

带式输送机的设计需要综合考虑带宽、运量、带速、倾角、水平长度等指标，根据不同的场景（指标的变化和器件的选择之间的关系）灵活选择。

1.3 技术适用条件和应用场景

带式输送机广泛地应用于电力、矿山、化工、冶金、水泥、钢铁等行业，主要适用于传输粉状、粒状、小块状的低磨琢性，易造成粉尘污染的固体物料。

某煤矿带式输送机系统现场图

附录❷
电叉车技术

2.1 技术原理

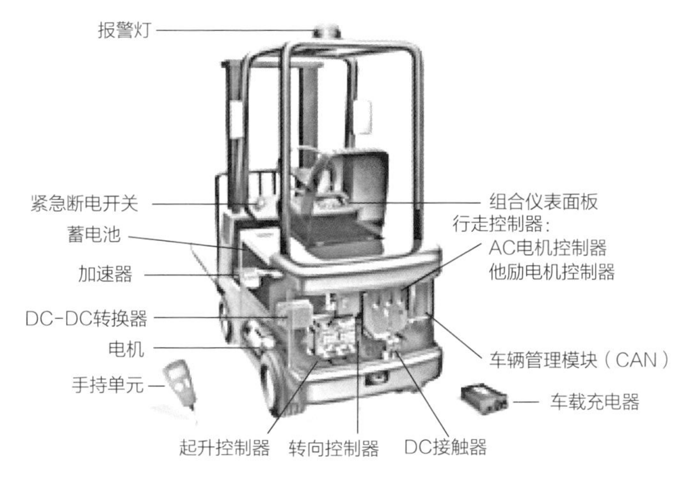

附图2.1　电叉车结构示意

电叉车结构示意见附图2.1。电叉车主要由电气系统、传动系统、转向系统、操纵系统、液压系统、驱动系统和车身系统组成（详见附表2.1），是一种直接以电能驱动的机械设备，可以实现货物搬运。

附表2.1　电叉车组成及作用

电气系统	输送电叉车用电设备的直流电源，为电叉车提供作业所需要的机械能
传动系统	获得所需要的牵引力和行驶速度，保证电叉车在不平整路面行驶或转弯时所用驱动轮以不同的轮数滚动

续表

转向系统	采用全液压转向实现转向功能
操纵系统	又称控制系统，用来控制和调节液流的压力、流量（速度）及方向，以满足叉车工作性能的要求
液压系统	自动平衡电机速度与用油量，从而节约电能
驱动系统	双电机驱动，加速和爬坡性能好，牵引力大，采用了电子整速系统，替代原来的机械差速系统，性能得到很大的提高
车身系统	主要包括车身支架和电池

2.2 技术特点和关键指标

电叉车具有以下显著特点：

- 运行速度高，工作装置起升速度大；
- 采用高效控制器及具有再生制动功能，比传统叉车节能30%以上；
- 采用全封闭电机、轴承及多盘制动器免维护（无接触器或炭刷）；
- 传动系统结构较为简单，使用和维修都十分便捷；
- 电动转向系统，加速控制系统，液压控制系统以及刹车系统都由电信号来控制，操作控制简便，灵活，大大降低了操作人员的劳动强度；
- 运行时噪声小，无尾气排放；
- 可以在比较小的空间内工作，运转灵活；
- 起重吨位低，动力差，连续工作时间短，需要频繁充电。

用户购买电叉车时主要考虑额定起重量，电机功率，蓄电池容量等指标。电机功率越大，电叉车一次叉动的货物越重，蓄电池容量越大，电叉车工作时间越长。

2.3 技术适用条件和应用场景

电叉车主要适用于仓储、纸制品、包装、港口、钢铁、饮料、家电、化工、纸制品、烟草等行业，尤其适用于要求无污染的食品加工厂等场所。

电叉车应用场景图

附录❸
桥式起重机技术

3.1 技术原理

桥式起重机的架桥沿铺设在桥架上的轨道横向运行，构成一矩形的工作范围，就可以充分利用桥架下面的空间吊运物料，不受地面设备的阻碍。

桥式起重机主要包括起升机构、运行机构和金属结构三部分，如附图3.1所示。

• 起升机构是起重机的基本工作机构，它们大多是由吊挂系统和绞车组成。

• 运行机构以纵向水平运移重物或调整起重机的工作位置，一般是由电动机、减速器、制动器和车轮组成。

• 金属结构是起重机的骨架，是主要承载件，按照金属架构可分为门型、桥型等。

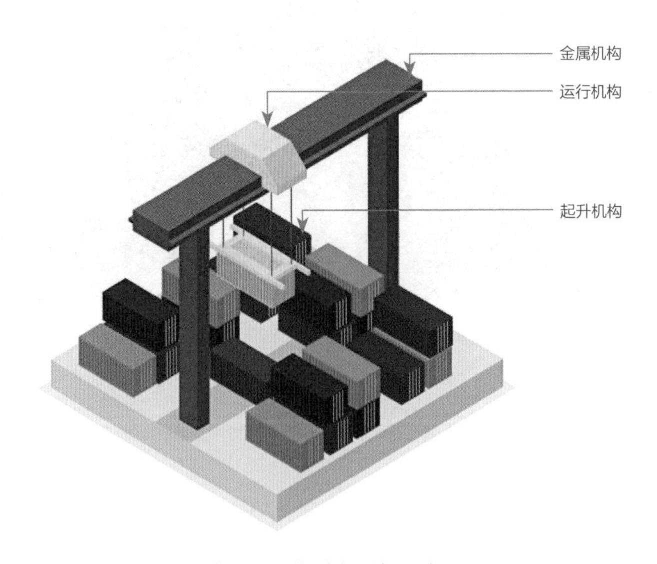

附图3.1　桥式起重机示意

 3.2 技术特点和关键指标

桥式起重机是使用最广泛的一种轨道运行式起重机，通过电动机牵引卷扬机搭配不同的取物装置可在不同场合发挥作用。桥式起重机分类及作用如附表3.1所示。

附表3.1 桥式起重机分类及作用

吊钩桥式起重机	能在多种作业环境下装卸和搬运物料及设备
抓斗桥式起重机	主要用于散货、废旧钢铁、木材等货物装卸
电磁桥式起重机	吊钩上挂着一个直流起重电磁吸盘，用来吊运具有导磁性的黑色金属机器制品

桥式起重机的设计根据不同的应用场景，主要考虑构架跨度、起重吨位等指标。桥式起重机的跨度是影响起重机自身质量的重要因素。

3.3 技术适用条件和应用场景

吊装的货物重量在50t以下、跨度在35m以内时，选用桥式起重机。

桥式起重机的选用原则：在满足设备使用条件和符合跨度系列标准的前提下，应尽量减少跨度；支腿应满足通过尺寸最大货物的原则，同时能满足门架沿起重机轨道方向的稳定性要求；应在起重机与堆货及运输车辆通道之间留有一定的空间，以利于装卸作业。

桥式起重机应用场景图